Roland Schmidt

FEM-Berechnung mit einem Schalenmodell und Spannungsnachweise für eine Stahlgießpfanne

GRIN Verlag

Bibliografische Information der Deutschen Nationalbibliothek:

Die Deutsche Bibliothek verzeichnet diese Publikation in der Deutschen Nationalbibliografie; detaillierte bibliografische Daten sind im Internet über http://dnb.d-nb.de/ abrufbar.

Impressum:

Druck und Bindung: Books on Demand GmbH, Norderstedt Germany
ISBN: 9783668333987

Inhaltsverzeichnis

Einleitung zur FE-Analyse der Stahlgießpfanne

Bei dem hier vorliegenden FEM-Projekt, wird eine Stahlgießpfanne mit dem FEM-Programmsystem MEANS V8 berechnet, um eine genauere Aussagen über den Spannungsverlauf treffen zu können. Besonders interessiert die Veränderung, wenn die Stahlgießpfanne höher als die offizielle Auslegungsbelastung von 144 t belastet wird.

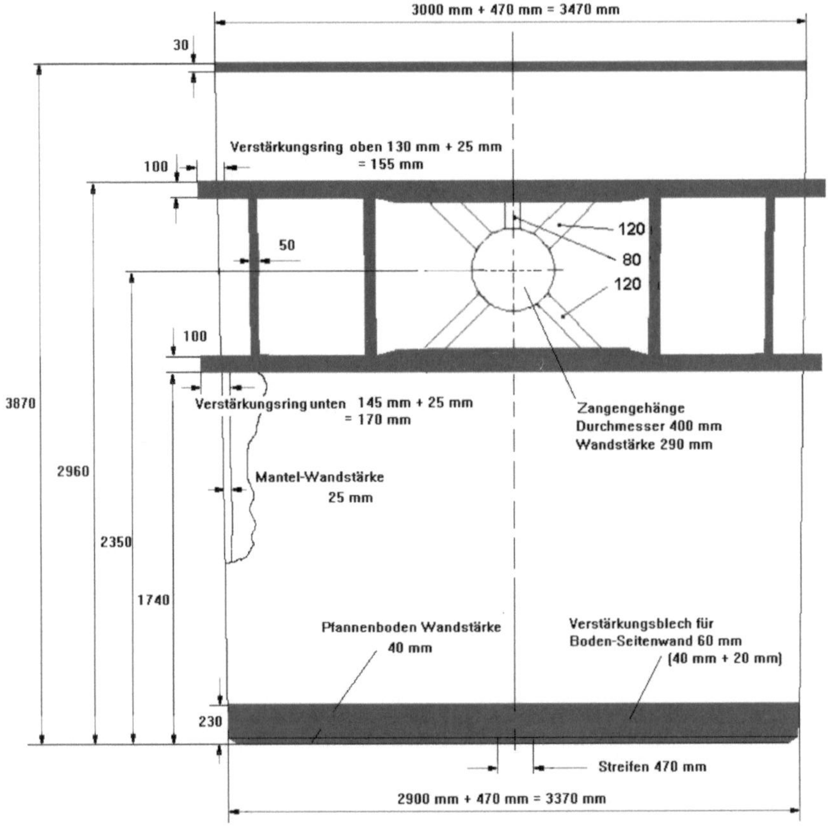

Folgender Lagerungszustand soll betrachtet werden:

Die Pfanne wird mit einem Gehänge gehoben. Die Steifigkeit des Gehänges wird durch Verstärkungsringe und Verstärkungsbleche erhöht (siehe Skizze).

Folgende Gewichtslasten sollen berücksichtigt werden:

Die Stahlgiesspfanne hat ein Fassungsvermögen von 140 t. Das Gewicht der Ausmauerung beträgt 33t, Pfannengewicht beträgt 21 t (!). Bedingt durch die Betriebstemperatur von 280°/370° Grad Celsius beträgt das E-Modul 190000 N/mm^2 und die Dichte 7850 kg/m^3.

Welche Spannungen interessieren

Es interessieren hauptsächlich die Biege-, Membran- und Schubspannungen im Bereich der des Bodens, der Zangen, Stege und Verstärkungsbleche.

Elementgruppen erzeugen

Es müssen insgesamt 8 Elementgruppen erzeugt werden:

Elementgruppe 1 (grau) = Mantel mit Wandstärke 25 mm
Elementgruppe 2 + 3 (hellblau) = Boden mit Wandstärke 40 mm
Elementgruppe 4 (rot) = oberer Verstärkungsring 100 mm,Wandstärke 155 mm
Elementgruppe 5 (orange) = unterer Verstärkungsring 100 mm, Wandstärke 170 mm
Elementgruppe 6 (gelb) = Zangenbolzen Breite=400 mm, Wandstärke= 290 mm
Elementgruppe 7 (lila) = Stege 8 Stk + Stern mit Wandstärke 150 mm
zzgl. kleiner Verstärkungsring oben, 30 mm hoch
Elementgruppe 8 (blau) = Verstärkungsblech für die Boden-Seitenwand mit 60mm

3D-Ansicht

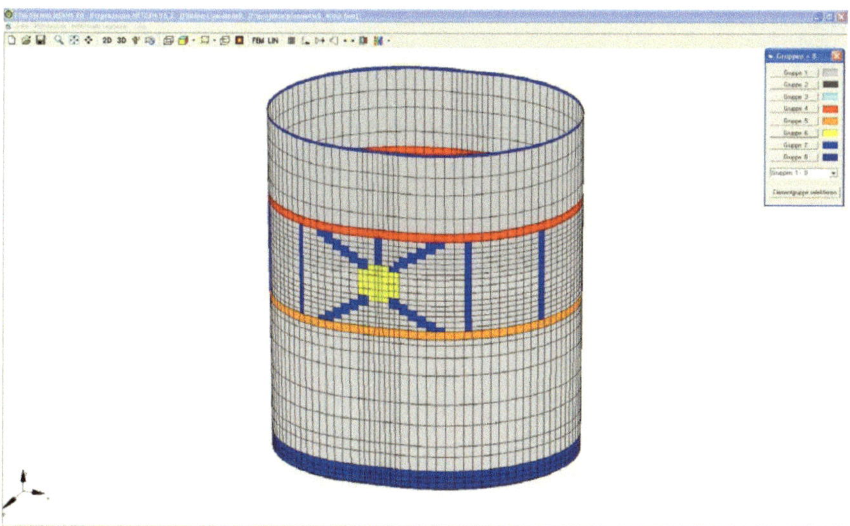

XY-Ansicht von unten

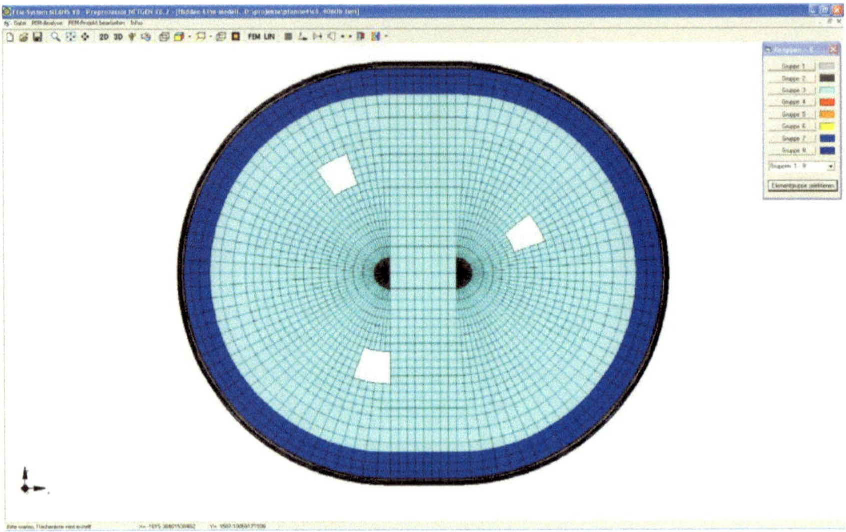

Abmessungen der Krempe:

Die Krempe (blau) am Pfannenboden hat folgende Abmessungen:

Höhe = 230 mm
Breite = 200 mm
Wandstärke = 60 mm

Materialdaten

Für alle 8 Elementgruppen müssen die spezifischen Materialdaten wie Elementdicke, E-Modul und P-Zahl eingegeben werden.

EG 1: Mantel mit Wandstärke 25 mm

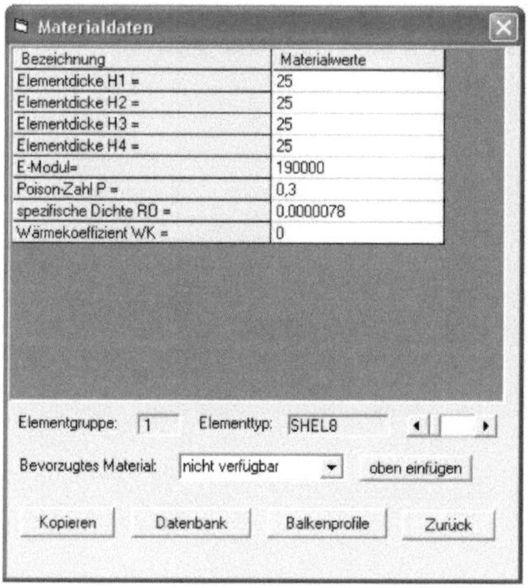

EG 2: Boden mit SHEL6 mit 40 mm

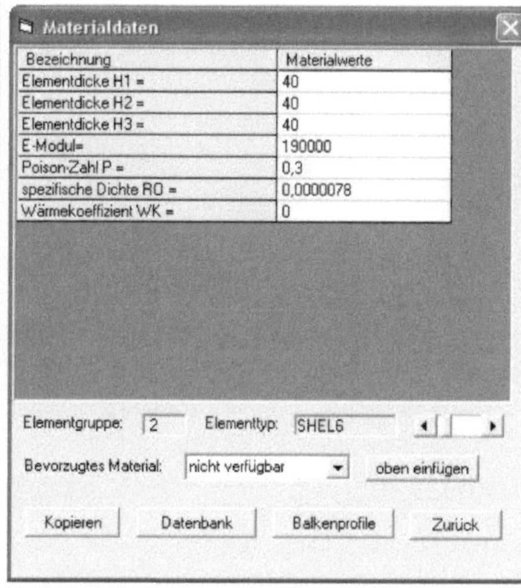

EG 3: Boden SHEL8 mit 40 mm

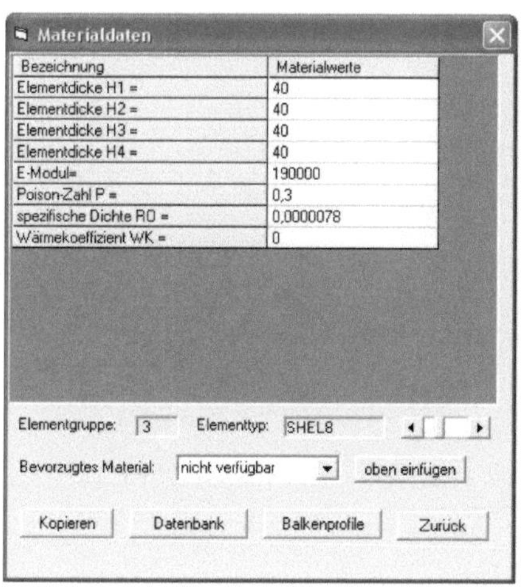

EG 4: Verstärkungsring oben 155 mm

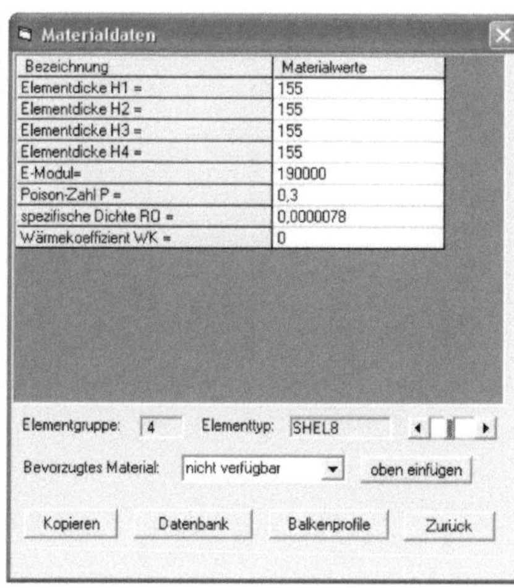

EG 5: Verstärkungsring unten mit 170 mm

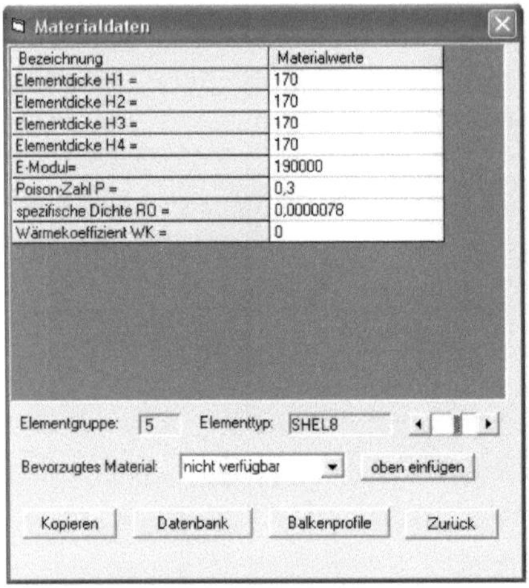

EG 6: Zange D=400 mm Wandst. 290 mm

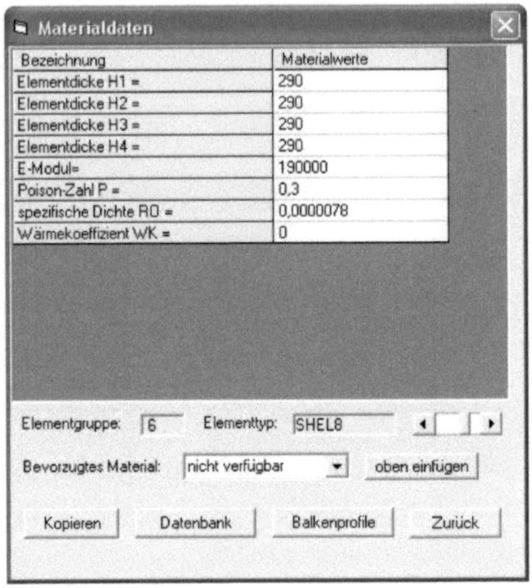

EG 7: Alle Stege mit 150 mm

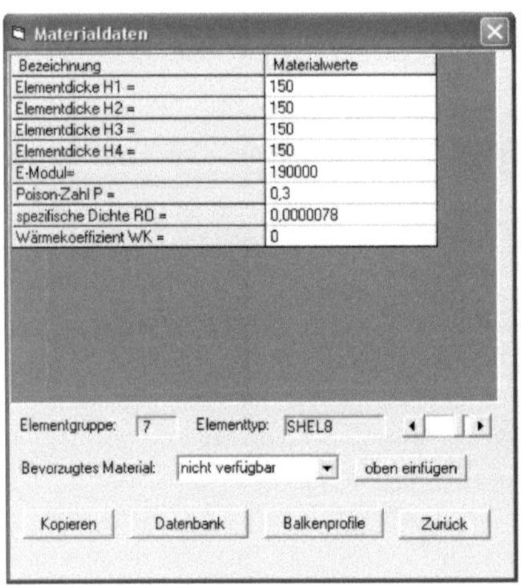

EG 8: Kragen Boden-Seitenwand 60 mm

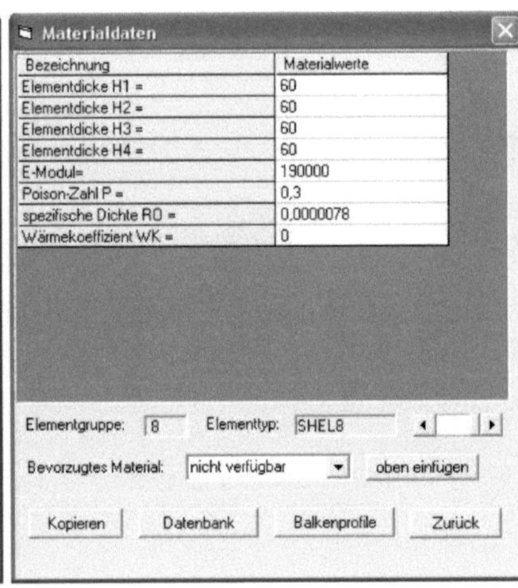

Randbedingungen

Die Stahlgiesspfanne wird am linken und rechten Zapfen in z-Richtung gelagert. Am Bodenmittelpunkt werden die Verschiebungen in x- und y-Richtung gesperrt. Mit dieser Lagerung können auch bei eventuellen Temperaturschwankungen keine Zwängungen entstehen.

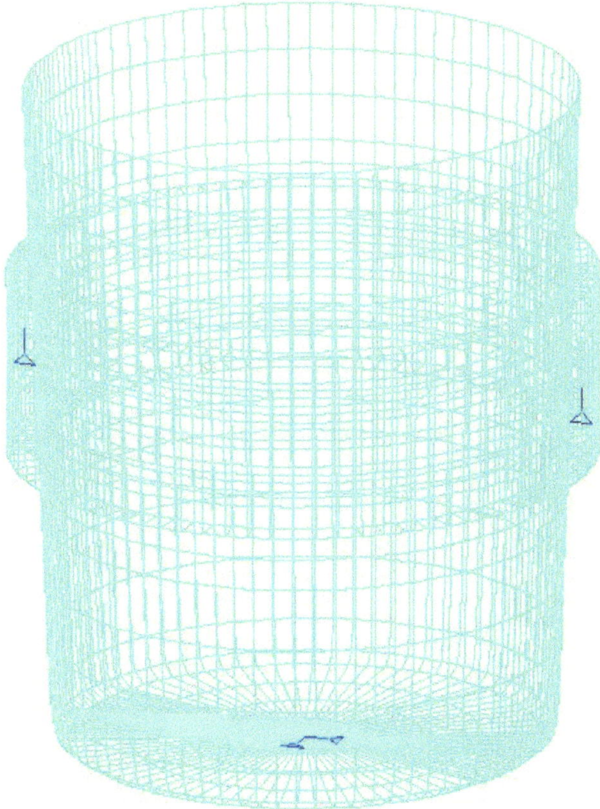

Belastungen

Es werden 3 Lastfälle aufgestellt und miteinander überlagert.

Lastfall 1:

Eigengewicht des flüssigen Roheisens (maximal) mit 140 Tonnen und
4 Tonnen Schlacke:

Gewichtskraft = 144 000 kg x 10 = 1 440 000 N

Fläche 1 (Kreisfläche) = 3.1416 x 2800 x 2800 / 4 = 6 157 522 mm^2

Fläche 2 (Streifen) = 2800 x 470 = 1 316 000 mm^2

Fläche = 7 473 522 mm^2

Flächenlast = Gewichtskraft / Last-Fläche = **0,19268 N/mm^2**

Lastfall 2:

Eigengewicht der feuerfesten Auskleidung mit 33 Tonnen,
die als Ringlast auf den Boden angenommen werden.

Gewichtskraft = 330 000 N
Anzahl Knoten = 108

Knotenbelastung in z-Richtung = **3055.55 N**

Lastfall 3:
Dieser Lastfall wird durch eine Gravitationsbelastung mit der Dichte = 7850 kg/m^3
und dem Gravitationsfaktor von –13.6 (Zangenlagerung) und –14.5 (Fußlagerung)
auf alle Elemente berechnet.

Diese gibt das Eigengewicht der Pfanne wieder. (Summe 21t)
(Gehänge bei Fußlagerung 8t; somit Pfanne max. 29t)

Zusätzliche Belastung durch Temperaturdifferenzen

Hierzu wurden keine Angaben gemacht, es wurde von einer homogenen Temperaturverteilung ausgegangen!

Ergebnisauswertung

Formeln

v. Mises-Membranspannungen

v.MISES Membran = $(SIGxx^2 + SIGyy^2 - SIGxx * SIGyy + 3 * SIGxy^2)^{1/2}$

v. Mises-Biegespannungen

v.MISES Biegung = $(SIGMxx^2 + SIGMyy^2 - SIGMxx * SIGMyy + 3 * SIGMxy^2)^{1/2}$

SIGMxx = 6 * Mxx / Dicke * Dicke

SIGMyy = 6 * Myy / Dicke * Dicke

SIGMxy = 6 * Mxy / Dicke * Dicke

v. Mises-Biege- und Membranspannungen

Sx = Sigxx + SigMxx

Sy = Sigyy + SigMyy

Txy = Sigxy + SigMxy

v.MISES Membran + Biegung = $(Sx^2 + Sy^2 - Sx * Sy + 3 * (Txy^2))^{1/2}$

Grafische Darstellung der Spannungen

1.) Pfannenmantel

a) Membran- und Schubspannungen

max. Membranspannung = 116.9 N/mm²
relevante Membranspannung Mantel = 90.59 N/mm²

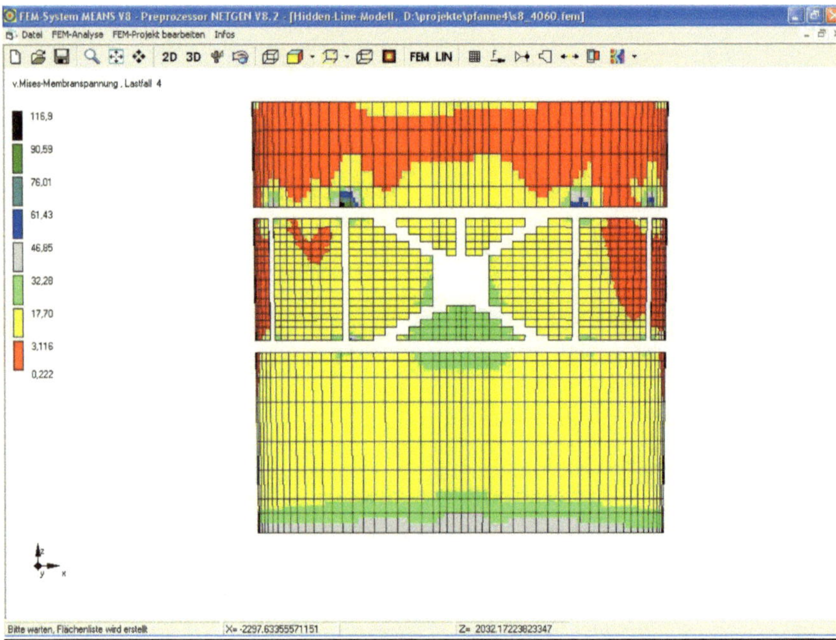

b) Biegespannungen

max. Biegespannung = 191.9 N/mm²
relevante Biegespannung Mantel = 124.9 N/mm²

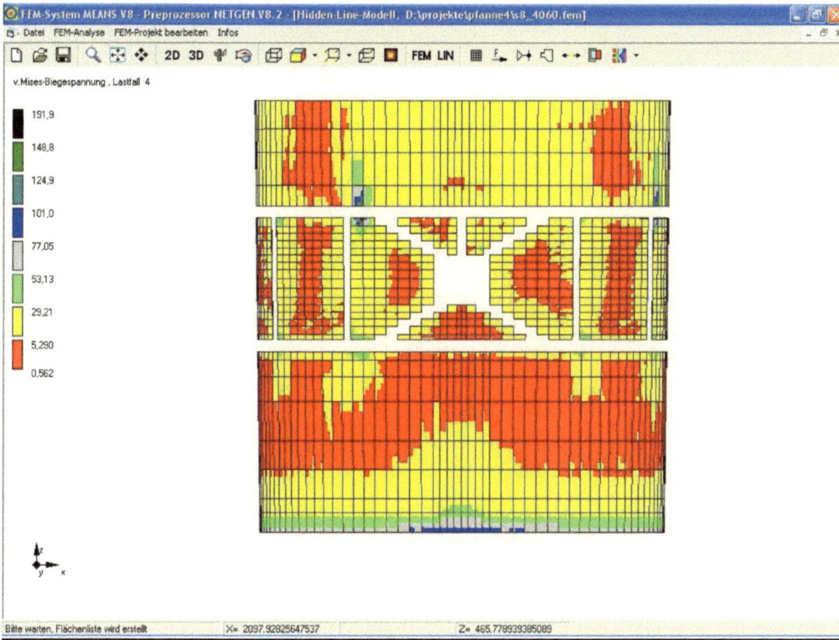

2.) Pfannenboden mit 40 mm und Zangenlagerung

a) **Membran- und Schubspannungen**
max. Membranspannung = 33.71 N/mm^2
relevante Membranspannung = 21.07 N/mm^2

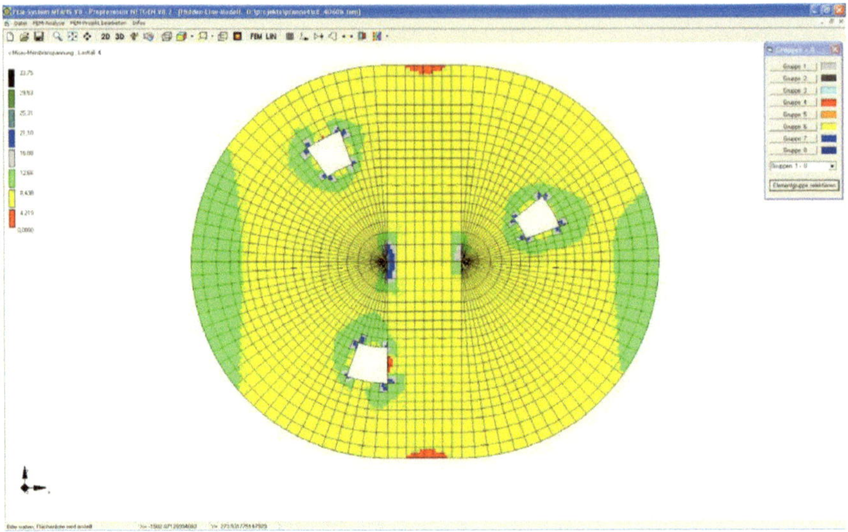

b) Biegespannungen

max. Biegespannung = 226.3 N/mm²
relevante Biegespannung Mantel = 147.1 N/mm²

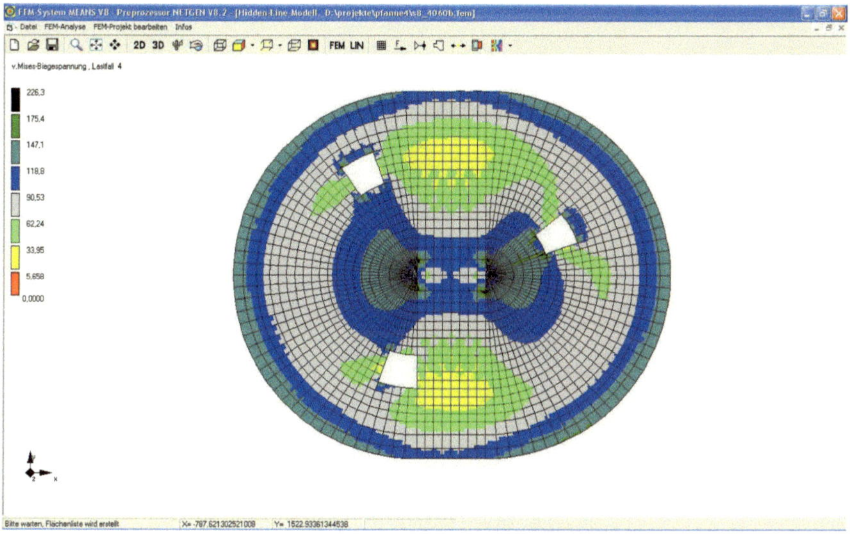

3.) Verstärkungsblech für Boden-Seitenwand mit 60 mm

a) **Membran- und Schubspannungen**

max. Membranspannung = 43.15 N/mm^2
relevante Membranspannung = 43.15 N/mm^2

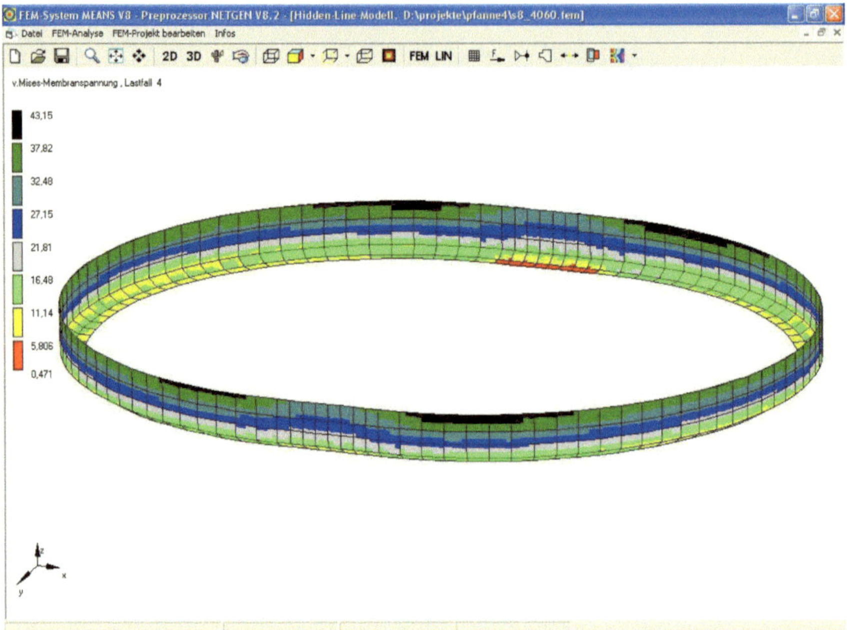

b) Biegespannungen

max. Biegespannung = 230.6 N/mm^2
relevante Biegespannung Mantel = 150.3 N/mm^2
hohe Spannungsspitzen – evt. besteht hier sogar Knickgefahr!

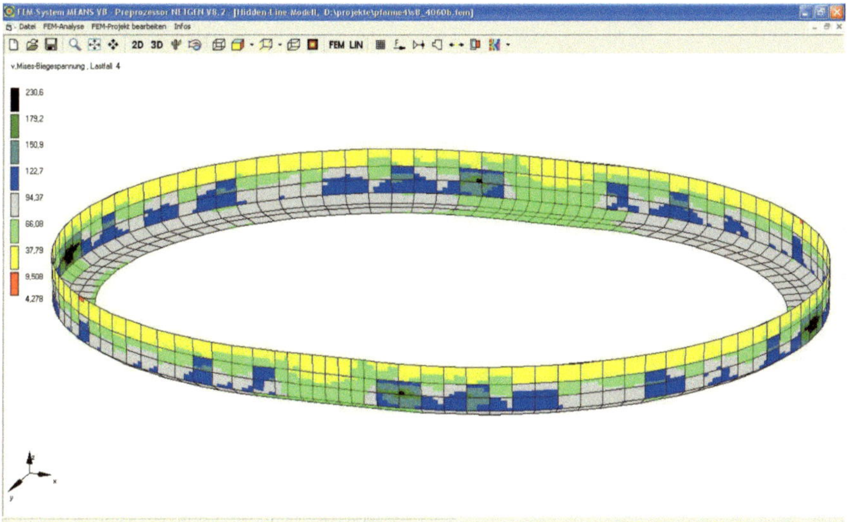

c) überlagerte Membran- und Biegespannungen von gesamten Boden

max. Membran- und Biegespannung = 240.9 N/mm²
relevante Membran- und Biegespannung = 156.6 N/mm²
mit hohen Spannungsspitzen – evt. Knickgefahr!

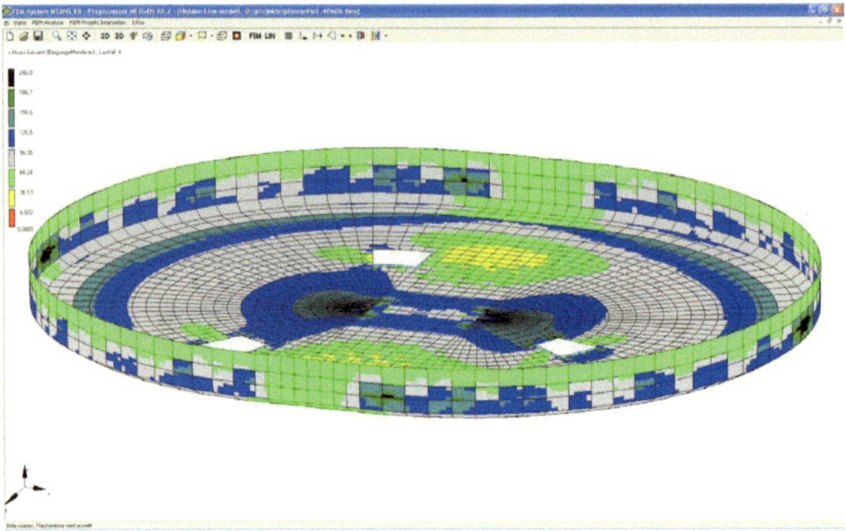

d) Abmessungen der Krempe am Pfannenboden mit Wandstärke 60 mm

Die Krempe des Pfannenbodens hat eine Wandstärke von 60 mm, eine Höhe von 230 mm und eine Breite von 200 mm.

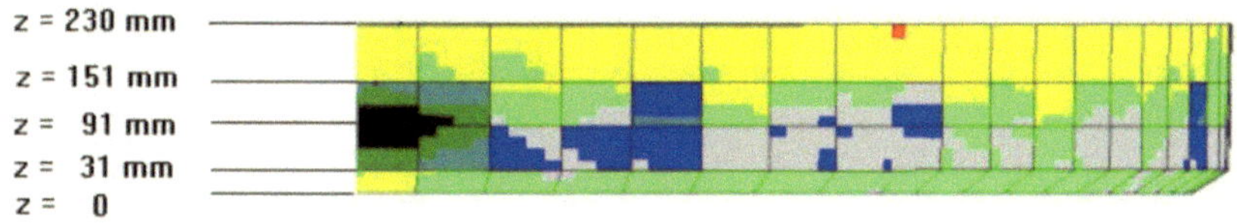

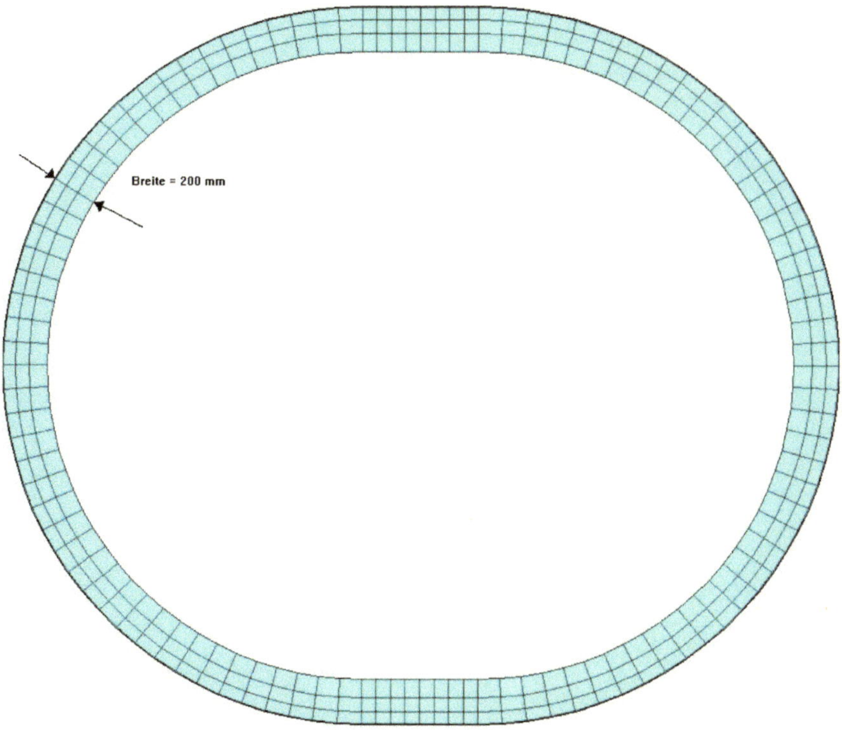

a) Membran- und Schubspannungen

max. Membranspannung = 13.19 N/mm^2
relevante Membranspannung = 13.19 N/mm^2

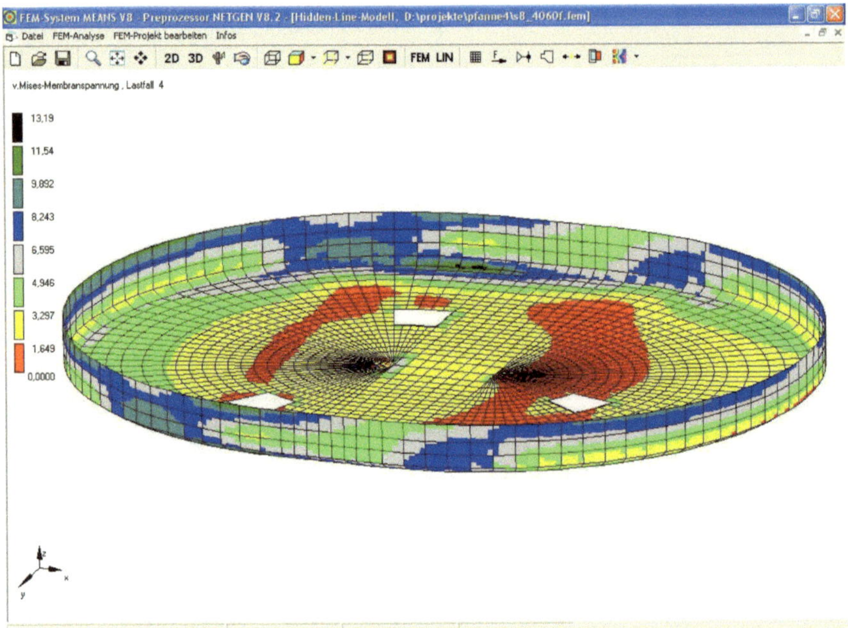

b) Biegespannungen

max. Biegespannung = 322.3 N/mm^2
relevante Biegespannung = 169.2 N/mm^2

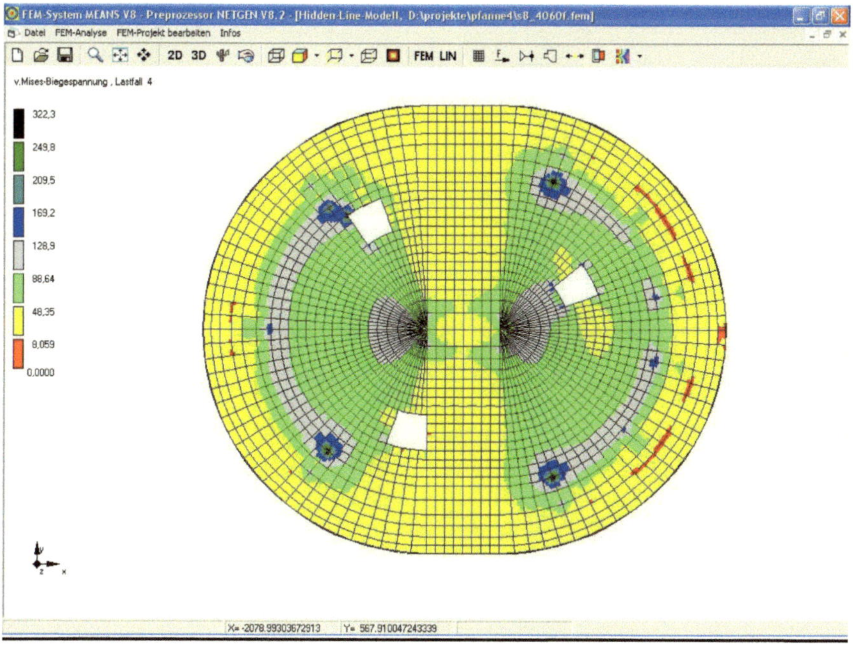

5.) Zapfen und Rippen

a) Membran- und Schubspannungen

max. Membranspannung = 70.92 N/mm²
relevante Membranspannung = 44.34 N/mm²

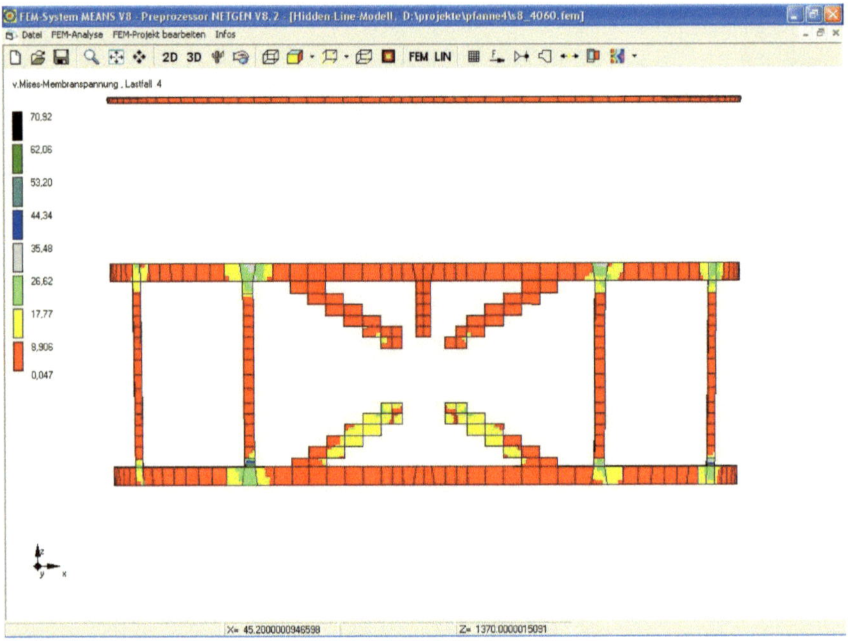

b) Biegespannungen

max. Biegespannung = 187.76 N/mm²
relevante Biegespannung = 98.69 N/mm²

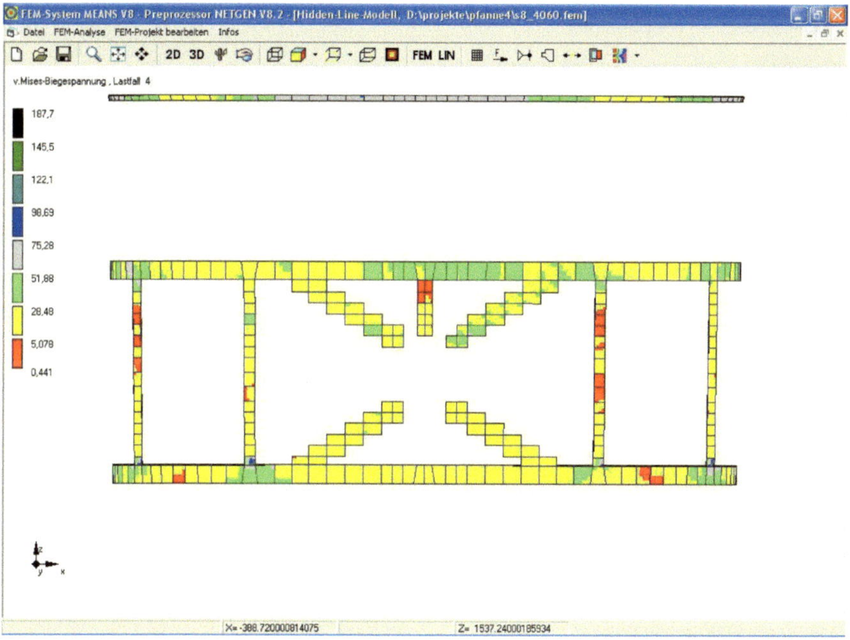

6.) Zangengehänge und Zangenbolzen

a) Membran- und Schubspannungen

max. Membranspannung = 82.56 N/mm^2
relevante Membranspannung = 72.42 N/mm^2

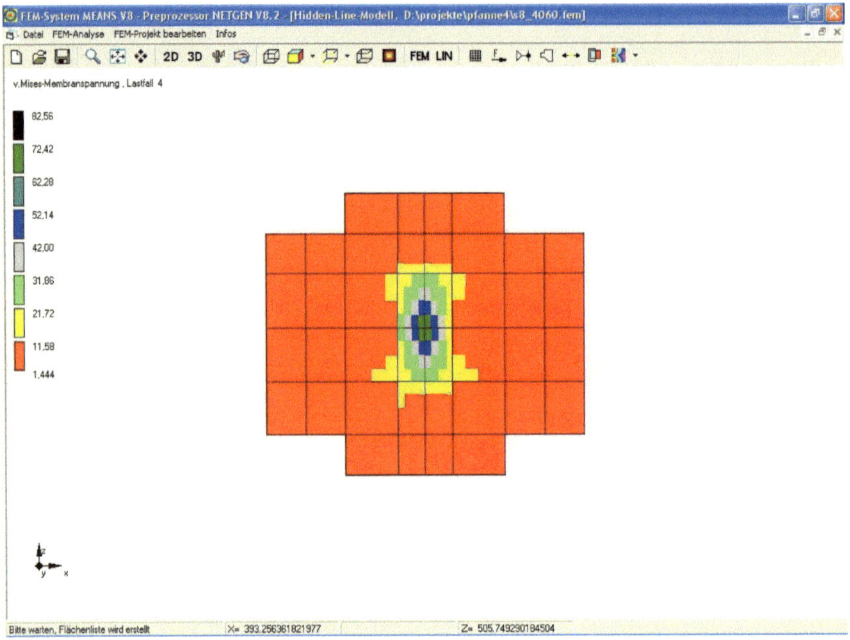

b) Biegespannungen

max. Biegespannung = 18.78 N/mm^2
relevante Biegespannung = 11.86 N/mm^2

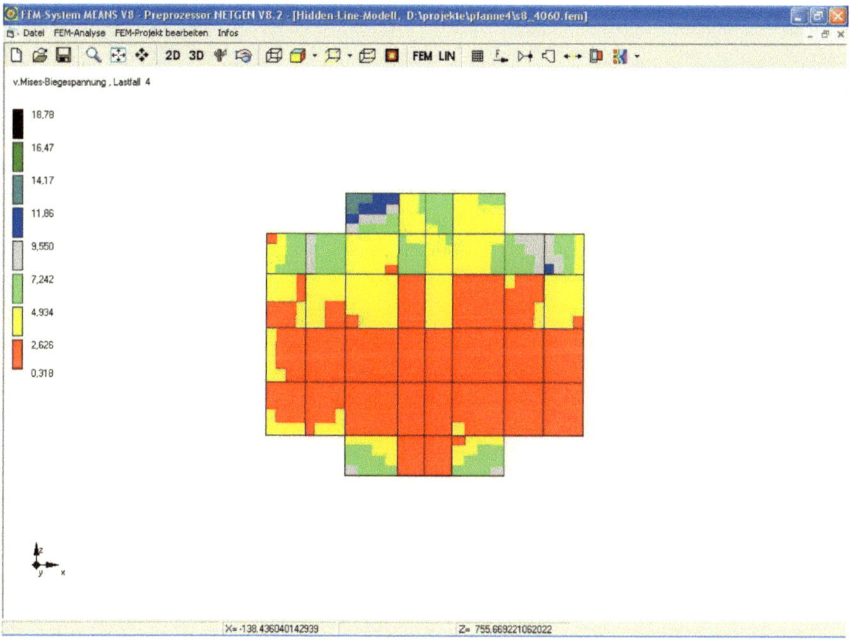

Mechanische Eigenschaften der Werkstoffe

Zulässige Spannungen *für 370°C interpoliert* aus DIN 17 102:

Stahlsorte		Mindestwerte der 0,2%-Dehngrenze für Erzeugungsdicken s in mm in N/mm^2				
Kurzname	Werk.Nr	$s \le 70$	$70 < s \le 85$	$85 < s \le 100$	$100 < s \le 125$	$125 < s \le 150$
WStE 285	1.0487	125	115	105	95	85
WStE 315	1.0506	145	135	125	115	105
WStE 355	1.0565	178	168	158	148	138
WStE 460	1.8935	247	237	227	217	207

Spannungsauswertung

Mantel 25 mm WStE 460 für 370°C

(siehe Seite 10 und 11)

Σ_b = 44,20 N/mm² -> siehe Bilder mit höheren Spannungsspitzen
T = 64,06 N/mm² -> siehe Bilder mit höheren Spannungsspitzen

$\Sigma_{ver} = \sqrt{(3 \times T^2 + \Sigma_b^2)} = 119{,}43$ N/mm²

S = 178/119,43 = 1,49 > 1,35 für **370°C**

Boden 60 mm WStE 460 Zangenlagerung für 370°C

(siehe Seite 12 und 13)

Σ_b = 150,20 N/mm²
T = 64,47 N/mm²

$\Sigma_{ver} = \sqrt{(3 \times T^2 + \Sigma_b^2)} = 187{,}16$ N/mm²

Besonderheit hier:

Dort wo die hohen Biegespannungen sind, sind keine hohen Schubspannungen!
Daher wurde eine überlagerte Membran- und Biegespannung berechnet (siehe Seite 14)
Spannung dort 159,56 N/mm²

S = 247/159,56 = 1,54 > 1,35 für 370°C

Boden 60 mm WStE 460 Fußlagerung

(siehe Seite 15 und 16)

Σ_b = 127,46 N/mm²
T = 24,32 N/mm²

$\Sigma_{ver} = \sqrt{(3 \times T^2 + \Sigma_b^2)} = 134{,}24$ N/mm²

S = 247/134,24 = 1,84 > 1,35

Rippen WStE 460 WStE 460

(siehe Seite 17 und 18)

Σ_b = 139,54 N/mm² -> siehe Bilder mit höheren Spannungsspitzen
T = 54,22 N/mm² -> siehe Bilder mit höheren Spannungsspitzen

$\Sigma_{ver} = \sqrt{(3 \times T^2 + \Sigma_b^2)} = 168{,}2$ N/mm²

S = 247/168,2 = 1,46 > 1,35

Obere und unterer Ringe WStE 460

(siehe Seite 19 und 20)

oben
Σ_b = 68,34 N/mm² -> siehe Bilder mit höheren Spannungsspitzen
T = 23,84 N/mm² -> siehe Bilder mit höheren Spannungsspitzen

$\Sigma_{ver} = \sqrt{(3 \times T^2 + \Sigma_b^2)} = 79{,}85$ N/mm²

oberer Ring (180mm)
S = 138/79,85 = 1,72 > 1,35

unten
Σ_b = 48,95 N/mm² -> siehe Bilder mit höheren Spannungsspitzen
T = 19,94 N/mm² -> siehe Bilder mit höheren Spannungsspitzen

$\Sigma_{ver} = \sqrt{(3 \times T^2 + \Sigma_b^2)} = 59{,}9$ N/mm²

unterer Ring (120mm)
S = 138/59,9 = 2,30 > 1,35

Annahme: unterer Ring aus WStE 285

unterer Ring (120mm)
S = 95/59,9 = 1,58 > 1,35

In Ordnung!